U0198762

ENTERTAINING MATHS

少儿彩绘版

趣味数学

规律与逻辑

〔俄罗斯〕雅科夫·伊西达洛维奇·别莱利曼◎著 焦晨◎译

中国妇女出版社

作者简介

雅科夫·伊西达洛维奇·别莱利曼 （1882～1942）

　　别莱利曼出生于俄国格罗德省别洛斯托克市，是享誉世界的科普作家、趣味科学的奠基人。他从17岁时开始在报刊上发表文章，大学毕业后，全力从事科普写作和教育工作。自1916年始，他用了3年时间，创作完成了其代表作《趣味物理学》，为以后一系列趣味科学读物的创作奠定了基础。

　　别莱利曼一生共创作了105部作品，其中大部分是趣味科学读物，主要代表作有《趣味物理学》《趣味物理学·续篇》《趣味力学》《趣味几何学》《趣味代数学》《趣味天文学》《趣味物理实验》《趣味魔法数学》等。他的作品从1918年至1973年仅在俄罗斯就出版449次，总印数达1300万，之后又被翻译成数十种语言，畅销20多个国家，全世界销量超过2000万册。别莱利曼除了面向青少年创作科普作品，还在1935年创办和主持列宁格勒"趣味科学之家"，广泛开展少年科学活动。别莱利曼及其作品对俄国乃至全世界青少年的科学学习都产生了深远的影响。

别莱利曼的趣味科学读物通过巧妙的分析，将高深的科学原理变得简单易懂，让艰涩的科学习题变得妙趣横生，让牛顿、伽利略等科学巨匠不再遥不可及。同时，他的作品立论缜密，还加入了对经典科幻小说的趣味分析，是公认的深受青少年欢迎的科普书。一些在学校里让学生感到十分难懂、令人头痛的数学问题，到了他的笔下，都好像改变了呆板的面目，显得和蔼可亲了。正如著名科学家、火箭技术先驱者之一格卢什科对他的评价：别莱利曼是数学的歌手、物理学的乐师、天文学的诗人、宇航学的司仪。为纪念别莱利曼对世界科普事业作出的巨大贡献，1959年，"月球3号"无人月球探测器传回了世界上第一张月球背面图，其中拍摄到的一座月球环形山，被命名为"别莱利曼"环形山。

目 录
CONTENTS

海报广告

◆ 一个保守多年的秘密

我从来没有跟任何人说过这本书里发生的事情。知道秘密的那年我12岁，是一个标准的中学生，我向一个同龄的男生发誓绝不说出这个秘密。

这么多年我一直保守着这个秘密。但是现在我决定公开它，原因我会在后面慢慢解释。那么现在，我从头开始跟你介绍吧。

◆ 《举世奇迹》魔术表演

一提到这个，我脑海中就浮现出一幅海报，那是一张巨大的彩色海报。

我正步履匆匆地走在回家的路上，毕竟我还要看儒勒·凡尔纳的《地心游记》。在道路一旁，我看到一张巨大的海报，上面花花绿绿地描述了一些很神奇的事情。

《举世奇迹》将要来我们这里表演啦！

举世奇迹

12岁的男孩菲利克斯拥有很多超群的能力。

I.记忆力无人能敌!

观众随便说出一个单词,菲利克斯都能一字不差地背下来,并且观众要求的各种次序,他都能准确地重复,连每个单词的序号都完全正确。这个演出在全国范围内都获得了无与伦比的成功!

II.你的心思将被完全猜透!

在眼睛被蒙上的状态下,菲利克斯能够猜到你心里所想的东西以及你衣服口袋里的东西。观众将选出特别代表对整场演出进行公证监督。每个人都认为这是个真诚而无欺骗的行为。

举世奇迹!

突然背后传来一个不可置疑的声音："胡言乱语！"

我回头一瞧：一个个子很高的同学正看着这张海报，他还是个留级生，这个傻大个儿称所有人都是"小不点儿"。

"瞎说，胡言乱语！"他又重复一遍，"这难道不是花钱请别人戏弄自己吗？"

"又不是每一个人都会被骗，"我说，"聪明的人怎么可能会被愚弄。"

"可是你会被骗。"傻大个儿说话很直截了当，他也不想搞明白谁是我说的那种聪明人。

我被他那不屑的口气激怒了，这让我更加铁了心要去看这场演出，而且我将一直保持着高度警惕，绝不大意。

就算有人真的被欺骗了，我也不可能成为他们其中之一。聪明人绝不可能会被这样戏耍。

超凡的记忆力

◆ 去城市剧场看演出

　　因为我那少得可怜的钱买不到最佳视角的位子，只能坐到距离舞台很远的地方，所以我极少去城市剧场看演出。

　　即使那时候我的视力非常棒，能够看清舞台，却无法清晰地看到那个拥有超凡能力的男孩的脸颊，但我竟然觉得我曾经见过这个男孩。

　　那个小男孩跟着一个中年男人出场了，简单地与观众互动了一下后便开始表演"记忆法"。演出的准备极其充分。我暂且叫那个中年男人魔术师，他把小男孩的两只眼睛蒙住，让他坐在舞台中心，并将身子转过去背对观众。

　　为了验证演出并没有弄虚作假的行为，他们还请了几位观众到舞台上近距离观察。

◆ 写单词

　　之后魔术师拿着一个有很多卡片的文件袋走下了舞台，他不停地穿梭在后面的座位间，随机

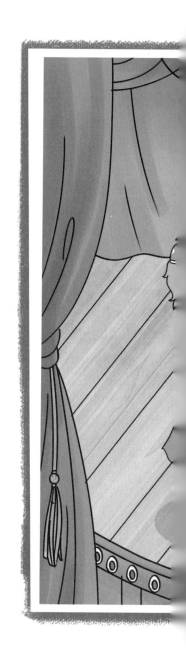

请观众写下他们想到的东西。

　　"菲利克斯将会准确地说出你写的这些单词的序号，所以你一定要记住这些顺序。"魔术师提醒。

　　"嘿，哥们儿，你也写几个单词呗？"魔术师笑着对我说。

虽然我一下子想不出来要写些什么，但是这突然而来的请求还是让我很兴奋。

"快点儿写吧，别耽误时间！如果想不出写什么，那就写铅笔刀、雨、火灾吧。"旁边的姑娘催促我。

我只好尴尬地将这三个单词写到了68、69、70这三张卡片的后面。

魔术师一边重复着"大家一定要牢记自己所写单词的序号"，一边向着别的座位走去，继续邀请大家填补新单词。

终于，魔术师大声宣布："100个单词已经全部收集到了，谢谢大家！"紧接着表演就开始了。"各位请听好！我现在按顺序从第一个单词朗读到最后一个单词，菲利克斯就能准确地记住所有的单词，以及它们所处的位置，他甚至可以根据大家的要求用任何顺序把这些词重复出来，比如按顺序、倒序、隔一个或隔三五个。那么现在开始！"

"镜子、手枪、灯泡、车票、拾到的物品、马车夫、望远镜、天平、楼梯、肥皂……"魔术师一个接一个地读完单词，未作任何评论。

朗读一会儿还没结束，我觉得单词就像是无穷无尽的。快读完时，我才发现100个单词居然要念这么长时间，真是难以置信。如果能把这些单词都记住，真是超出人的能力范围。

"胸针、别墅、糖果、窗户、烟卷、雪花、小链子、铅笔刀、雨……"魔术师不紧不慢地朗读着每个单词，自然也包括我的。

那个男孩背坐在舞台上一动不动，跟睡着了一样。他真的能把所有的单词一字不落地背诵出来吗？

"椅子、剪刀、吊灯、邻居、星星、帷幕、橙子。结束！"魔术师读完了所有内容，"现在，我将从在座的观众中选出几位作为监督员，对着我这张单词表来验证菲利克斯的重复是否完全正确并向大家宣布。"

我们学校的高年级学生"小矮个儿"成为三个监督员之一，他可是一向谨小慎微。

◆ **开始表演**

"大家注意了，"那些所谓的监督员拿到单词表就座之后，魔术师立刻宣布，"请监督员仔细留意单词表，现在就请菲利克斯从第一个背诵到最后一个。"

喧闹的礼堂顿时安静下来，远远地从舞台上传来菲利克斯清晰的声音：

"镜子、手枪、灯泡、车票、拾到的物品……"

菲利克斯自信、从容不迫、滔滔不绝地背出了100个单词，犹如是在按照课本读单词一样。我诧异地一会儿看看坐在远处舞台上背朝观众的菲利克斯，一会儿又看看三位站在观众席椅子上的监督员。我期盼着在菲利克斯背出某一个单词的时候能听到一句"错误"的声音。但是，监督员们都在全神贯注、目不转睛地注视着单词表。

菲利克斯连续不断地背诵着包含我所写的三个单词在内的所有单词（至于那三个单词的顺序是不是68、69、70，我不得而知，因为我一开始就没有想着从前至后地考证所有单词的先后次序）。小男孩不假思索地继续背着单词，一直到背完"橙子"这最后一个词。

"没有一个不对，全部准确无误！"一名职业是炮兵的监督员向观众公布。

"观众们能否让菲利克斯以倒着或者间隔三五个单词，又或者从一个特定单词背到另一个等方式来背这些单词呢？"

观众席中一阵喧哗："中间隔7个！……所有偶数……每隔2个，每隔3个！……倒着背前半部分！……从第37个到最后！……所有奇数！……6的倍数！……"

"我听不清楚，请各位不要一起发言。"魔术师恳切地说着，尝试着控制住喧闹声。

"从第73个到第48个。"坐在我前面的水兵高声吵嚷着。

"没问题。请注意！请注意！菲利克斯，请从第73个单词开始，背到第48个。请各位监督员注意与答案进行核对。"

菲利克斯立即按照从第73个到第48个的次序背起了单词，并且正确地背出了全部单词。

"在座的观众能否让菲利克斯说出任意一个指定单词的次序？"魔术师问道。

我鼓起勇气，面红耳赤地高声呐喊："铅笔刀！"

"第68个！"菲利克斯随即答复道。

单词次序回答得完全准确！

菲利克斯紧接着又精确无误地回答了来自观众席各个角落的各个问题：

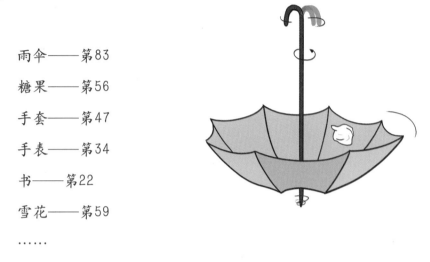

雨伞——第83

糖果——第56

手套——第47

手表——第34

书——第22

雪花——第59

……

当魔术师宣告第一段表演结束时，观众席的人们高声呐喊着菲利克斯的名字，并且伴随着经久不息的掌声。

腹 语

我被人拍了一下肩膀。一扭头看到了那个中学生，我认出他是三天前跟我一起看海报的那个。

"嘿，上当了吧，小朋友。"

"就好像你没被骗似的。"我很生气。

"我怎么可能被骗，我早就知道他们的把戏啦。"

"就算你知道了那么多，你还不是被骗了吗？"

"绝不可能，我对其中的把戏了解得清清楚楚。"

"你能知道什么呀？你能知道就怪了。"

"这叫作腹语，我对一切都了如指掌。"他深吸了一口气，说出那个我听不懂的词。

"腹语是什么？"

"那个人叔是一个腹语表演者，他能用肚子说话呢。然后他就这么自问自答，用嘴来问，用肚子回答。但是观众却信以为真，就以为是菲利克斯在回答那些问题。那孩子实际上什么都没说，你没看到，他当时正在椅子上打瞌睡呢！事实就是这样哦，那些把戏可骗不了我，小朋友！"

"等会儿，肚子怎么可能说话？"我满脸的不相信，但他已经走了，压根儿就没听到我说话。

　　我走到一个大厅里，那个大厅就在观众厅旁边，中场休息的时候，人们都在这里溜达。很多人围绕在监督员身旁，热火朝天地讨论着刚刚的演出。我驻足想探个究竟。

　　"第一，表演腹语的人完全不是那些天真的人想象的那样可以用肚子说话，"人群中一个炮兵说话了，"有些时候腹语表演者说话的声音就像是从他们身体里发出来的。事实上他和我们没什么区别，都

是用嘴和舌头在说话，但是他没有用嘴唇。他最大的技巧就是在他说话的时候能保证嘴唇纹丝不动，这样脸上的肌肉也就不会颤动。大家可以仔细看，他说话的时候你们完全发觉不了，就算有一根燃烧的蜡烛在他嘴边，火焰都完全不会颤动，因为他的呼吸特别轻微。这样他根本没有改变自己的声音，大家会认为声音是从别的地方传过来的，就像是一个木偶或者别的东西在发出声音一样。腹语的秘密就是这样。"

"远远不止，"一位长者从人群中站了出来，"腹语表演者还能用很巧妙的手段转移观众的注意力，能让大家认为声音来自其他地方，这样观众的注意力就不在自己身上了，真正的说话者就被悄悄地掩藏起来了……这就跟古代巫师们的伎俩一模一样吧。"

"那就是说，这位魔术师竟然是一位腹语表演者？那么这场表演就能解释得通了吗？"

"恰恰相反，我认为这场表演可没有什么腹语。这只是我随口提的罢了，太多观众都认为它是腹语表演了，所以我要说明的是，这样的猜测毫无根据，简直就是捕风捉影。"

"那这到底是什么？除了腹语表演，它还能是什么呢？"人们看法很一致。

"这也太简单了。单词表可是在我们的人手里，菲利克斯背诵那些词汇的时候，魔术师可看不到那些单词。就算魔术师进行了腹语表演，可他不可能记得所有的单词。就算这孩子只是一个木偶，他什么话都不说，像一个木头人，就算他什么作用都起不到，那么魔术师的记忆力需要多么好才行。所以不能用腹语表演来解读这样特殊的表演，不然只会误入歧途、混淆视听。既然是这样，那么我们就得承认，魔术师的表演方式是不是腹语已经不那么重要了。"

"这一切要怎么解释呢？这真的是一个奇迹吗？"

"很明显，它根本就不是一个奇迹。但咱们又得承认自己真的脑子混乱了，根本想不出答案来解释这个表演到底是什么原理。"

意外的演出

◆ 菲利克斯悬在半空中

短暂的中场休息后，魔术师又开始准备一些匪夷所思的事情。

一个由底座和固定在上面的差不多有一个人高的木棍组成的支架被放到了舞台中央。然后魔术师要求菲利克斯站到椅子上面，再将木棍拿到靠近椅子的位置。接着将那孩子的右手臂放到了木棍顶部，之后再拿出一根木棍来撑住左臂。

完成了这些匪夷所思的准备工作，魔术师开始像施法术一般在那男孩的脸边做一些轻抚的动作。那些动作很明显没有摸到菲利克斯的脸颊。

"那孩子快被哄睡着了。"我后面的人眼睛很尖。

"这是一种催眠术。"我左边的一个女人说。

果然，菲利克斯被魔术师的"催眠术"催眠，竟然闭着眼睛纹丝不动地站着。

更加不可思议的事情发生了，魔术师接着把小男孩脚下的椅子抽走了，菲利克斯就这样悬在半空中，只有胳膊靠在两根木棍上。魔术师显然觉得这还不够，接着又把男孩左胳膊旁的木棍抽走了，即使如此，菲利克斯仍然纹丝不动地悬在空中，让全场都很惊讶。

"催眠术！"我旁边的女人大叫一声，"这样魔术师就可以随心所欲地摆弄菲利克斯了。"

　　事实结果证明了一切，她说对了，菲利克斯的身体被魔术师移动了一下，这样就让木棍和他之间产生了一个角度，然后菲利克斯的身体竟然一动不动地保持这样一个姿态，根本没有发生变化，就连重力作用也完全消失了。然后，魔术师把小男孩的身体又转动了一下，从而让他仅用一只胳膊靠在木棍的尖端，就这样菲利克斯仍然能够神奇地悬浮在空中。

◆ 难道真的是催眠术

　　"这可算是个意外的演出了。"我旁边的观众很欣喜。

　　"什么叫意外的演出？"我很好奇。

　　"节目单上根本没有这个节目啊。"

　　"这是什么意思，节目单上如果没有这个节目，那他在舞台上做这些干什么？"

"如果这是节目之外的演出的话，那肯定在节目单上没有，海报上自然也不会有，这就是我的意思啦。"

"到底是什么东西在保持着菲利克斯的平衡呢？"

"我看不清楚是用什么东西支撑起了那个小男孩，但我敢肯定就是有东西支撑着他，只是我们离舞台太远了。"

我左边的观众又插话了："还是我来揭晓答案吧，这是一种叫作催眠术的方法！不信你看，催眠之后无论你怎么折腾菲利克斯都没事。"

"简直胡言乱语，"我右边的观众表示反对，"这铁定用了道具，比如，绳子、透明的带子等，否则催眠后的人怎么可能悬得起来？"

魔术师为了打消大家的疑虑，用手在菲利克斯的身体上方比画了几下，显示男孩没有任何东西来支撑，透明的带子和绳子等道具也没有，他就这么悬浮着。然后魔术师又将手从男孩的身体下方划过，同样也没有任何支撑的道具。

"我就说吧，这就是个非常普通的催眠术，你们瞧！"我左边的女士激动地想要证明她是对的。

"这绝对不是你所谓的催眠术，这只是一种魔术，没别的。只是魔术师们的一个戏法，他们的戏法可多了去了！"

菲利克斯的眼睛被魔术师蒙上了，而身体却依旧像躺在一张平整的床上一般悬浮在空中，魔术师宣布表演马上就要开始了。

心灵感应

魔术师向大家预告："现在菲利克斯被蒙着双眼，他仍然能够在大家的注视下猜出各位衣服里都有什么东西，像是铅笔、钱包什么的。请仔细观察这神奇的心灵感应术！"

我接下来看到的东西简直让人难以理解，充满了惊奇，就像是魔法一般。我无比入神，屁股像黏在椅子上似的，如此着魔。

我尽力回忆那时的场景，回忆每个细节。

魔术师来到观众席不停地踱步穿梭，然后脚步停在了一个观众面前。魔术师请求观众随便掏出什么东西，只见一个烟盒从观众的兜里拿了出来。

"菲利克斯，请你来说说，我现在站在什么人的旁边？"

"他是一个军人。"菲利克斯不假思索地回答。

"没错，那他从兜里拿出了什么？"

"烟盒！"

菲利克斯与这位军人间隔太远，以至于他根本不可能看清楚这位军人拿出的是个什么东西，

更别说是一个毫不起眼的烟盒了，更何况大厅里光线极其昏暗。可以说，哪怕菲利克斯没有悬浮在半空中、没有被罩住眼睛，也不可能看清楚。

"非常好，继续猜，我从这位男士手中看到了什么东西呢？"魔术师继续发问。

"火柴。"

"正确！那现在呢？"

"眼镜。"

小男孩的回答竟然完全正确。

魔术师继续踱步，想要寻找下一个目标，最终他停在了一个学生附近。

"菲利克斯，请说出我现在站在什么人的前面？"魔术师继续问。

"一个女孩。"

"正确！那请你继续告诉我，她递给了我什么东西呢？"

"一把梳子。"

"非常正确！那现在呢？"

"一副手套。"

所有的问题，菲利克斯都准确无误地回答出来了。

魔术师显然想再增加点儿难度，他悄悄地走到了另一个人的旁边，问道："现在，站在我旁边的是什么样的人呢？"

"他是一位文官！"

"正确！他拿了什么东西给我看？"

"他的钱包。"

那么多人围绕在魔术师的身旁，都在机警地盯着他，希望看出什么破绽。所以毫无疑问，这些答案都是那个小男孩说出来的，并不存在所谓的"托儿"。菲利克斯好像真的能猜出魔术师的内心活动，很显然，这跟腹语术没有一点儿关系。

◆ 更加匪夷所思的事情

这仅仅是冰山一角，接下来的事情才更加匪夷所思。

"请继续回答，我从钱包里拿出了什么？"

"3个卢布。"

完全正确。

"那现在呢？我又拿出了什么？"

"10个卢布。"

"没错，那我现在手里拿着的是什么？"

"一封信。"

"那我又换到什么人的旁边去了呢？"

"一位大学生。"

"又答对了，那他给我什么东西了呢？"

"一份报纸。"

"没错。那你再猜猜看，我又从他那儿拿了什么？"

"一枚别针。"

菲利克斯就这样不假思索、没有停顿地回答出了所有答案。在这么紧张的氛围中没犯一个错误，真是不可思议。

菲利克斯是绝对不可能从台上那么远的距离看到台下这么细小的一枚别针的。如果这一切不是谎言又会是什么？难道会是更加不可思议的超自然能力、先知、心灵感应？

回家后，我仔细地思考着晚上发生的一切，哪怕是能有一丁点儿的想法都是好的。可惜我什么都没想到，就这样躺在床上，辗转反侧，内心久久不能平静。

楼上的男孩

演出结束两天之后的一个下午，我上楼回家，看到了不久前和一个老太太一起搬进楼上入住的小男孩。他们家的人寡言少语，不爱跟邻里沟通，自然认得他们的人少之又少，我也从没跟他们说过话，甚至连仔细观察那个孩子的机会都没有。

小男孩左手拿着煤油瓶、右手提着一个菜篮，一步一步地上楼梯。听到我的声响，他回头看了我一眼。顿时，我惊讶得呆住了，这不就是菲利克斯吗？那个神奇的小男孩。

我就说那天表演的小男孩怎么那么面熟！

我一声不吭地盯着他，显然还是惊讶得说不出话。等我缓过来，吞吞吐吐地说："你好……欢迎你来我家玩哦……我收集了很多蝴蝶的标本……当然还有蛾子，挺有趣的……我还自己做了一台电机……嗯，用瓶子……电火花也很好看……有空常来呀……"

"那你会做带帆的小船吗？"

"抱歉，我没做过小船。但是我的罐子里有北螈……我还有邮票呢，我收集了整整一本，有婆罗洲、冰岛等各种罕见的邮票。"

让我惊讶的是，菲利克斯痴迷于集邮，听我说到邮票时两眼放光，我也顺利地达到了我的目的。

"你有很多邮票吗？"他一路小跑到我跟前。

"那当然，那些都是极其罕见的邮票呢，有尼加拉瓜的、阿根廷的、古代芬兰的等。今晚就来我家看吧。我就住在你家楼下，非常方便的。到时候你按一下门铃我就出来，我带你去我自己的房间。今晚老师布置的作业很少，我们可以畅聊。"

◆ 菲利克斯来做客

我们的第一次见面就是这么巧，他答应明天来我家里。第二天天黑时，他终于敲响了我家的门。我赶紧把他带进房间，展示出我的各种宝贝：有我收集的60个蝴蝶标本，那可是我花了两个夏天采集到的；还有我最引以为傲的——用啤酒瓶做的电机，我的朋友们特别羡慕；还有一罐子北螈，一共4只，是我去年夏天捉到的；一只玩具猫，叫谢尔科，毛茸茸的，会像小狗一样舔自己的爪子；最后就是这本集邮册了，班里的同学都没有我这么棒的集邮册。然而菲利克斯只对我这本集邮册感兴趣。他收集的邮票少得可怜，连我的 $\frac{1}{10}$ 都不到。他向我解释为什么集邮那么困难：大把的邮票都能在商店里买到，可是他舅舅不会给他钱去买（原来菲利克斯

是一个孤儿，他的父母都去世了，只能跟魔术师舅舅一起生活）。他不认识什么人，所以也没办法互换邮票。当然也没什么人认识他，给他写信。同样地，他的生活也很不稳定，没有固定的住址，他要跟着舅舅不停地搬家，从一个城市到另一个城市。

我很好奇地问他："你怎么会没有熟识的人呢？"

"不会有的，就算有认识的，刚认识没多久，我就要搬到另一个城市，联系就这样中断了。我们从不回同一个城市，我舅舅不喜欢我跟别人做朋友。连我来你这儿都是偷偷过来的，现在他不在家，也不知道我来你这儿。"

"那你舅舅为什么不让你跟别人交往呢？"

"为了让我保守秘密，怕我说出去。"

"什么秘密这么重要？"

"当然是魔术的秘密了。如果我说出去了，就没人来看我们的演出了，知道演出的奥秘那还有什么趣味可言呢？"

"难道这些表演真的是魔术吗？"

菲利克斯沉默了。

我忍不住追问下去："你跟你舅舅的表演真的是魔术，对吗？"

菲利克斯一点儿都不想回答我的问题。他装作没有听到，一声不吭地看着我的集邮册，看都不看我一眼。

过了好一会儿，他终于开口说话了："阿拉伯的邮票，你有吗？"他的眼睛仍然不离开集邮册，好像没听到我的问题。

这么轻易地让他告诉我答案是不可能的了，我开始继续展示我的宝贝们。

那天晚上，从菲利克斯的口中，我没有得到任何能够解开《举世奇迹》的线索。

超凡记忆力背后的秘密

◆ 菲利克斯把秘密告诉我

最终我还是成功地从菲利克斯的嘴里得到了他超凡记忆力的奥秘，达到了我的目的。在这里我就不一一详述我是如何得到他的信任，让他愿意说出秘密的。总之，我舍弃了12枚最罕见的邮票，换来他的答案，他还是没能抵挡住诱惑。

这件事发生在菲利克斯的家里。我按照约定的时间登门拜访，那时候他的舅舅早就出门了。

在菲利克斯向我说出这个秘密之前，他一再要求我郑重发誓，不管遇到什么情况，我都坚决不能向任何人说出这个秘密。之后他开始拿出纸，在纸上画起了表格。

我看得一头雾水，不知道他想干什么，只能一会儿看看图纸，一会儿抬头望望他，等着他的讲解。

◆ 神秘的字母

菲利克斯开口了，很神秘地说道："你看到了吧，我们用字母代表数字。'H'代表数字'0'，因为'0'的俄语第一个字母是'H'；或者用'M'来表示也可以。"

"那用'M'来表示'0'的原因是什么呢？"

　　"因为它们的俄语发音很接近啊！但是数字'1'就要用'Г'来表示，这又利用了它们写法接近的原理；或者用Ж表示。"

　　"那为什么用'Ж'来表示'1'啊，它们又有什么联系呢？"

　　"俄语中在发'Г'的音的时候稍微变化一下就成了'Ж'。"

　　"原来是这样。字母'Д'可以代表'2'，因为'2'的首字母是'Д'，又因为'Т'和'Д'发音很接近，所以'2'也能被它代替。可奇怪的是，你们为什么用'К'来代替'3'呢？"

　　"这是因为'К'是由3笔写成的。而'Х'又跟'К'发音很接近，所以用它来表示'3'。"

　　"明白了。那么'4'用相对应的首字母'Ч'或者与之发音很接近的'Щ'代表；'5'用对应的首字母'П'或者跟它发音接近的'Б'代表；'6'用对应的首字母'Ш'代表。但为什么用'Л'表示'6'呢？"

"这倒不是什么难题，你只要记住'6'对应的是'Л'就可以了。至于'7'用首字母'С'或发音相近的'З'来代表；'8'用首字母'В'或发音相近的'Ф'来代表，就很好理解了。"

"这些都没问题，但是为什么'9'对应的是'Р'呢？"

"你想象一下，如果你通过镜子来看'9'的话，是不是就很像'Р'了呢？"

"原来是这样呀！那为什么用来替换'9'的还可以是字母'Ц'呢？"

"你仔细观察'9'，它像不像拖着一条小尾巴呢？同样的道理，字母'Ц'也有一条小尾巴，所以两者可以相互替换。"

"这个表格中的字母与数字我基本上明白了，而且要把它们全部背会也是一件比较简单的事情，但我还是无法理解在你表演的过程中到底怎么使用这个表格的？"

"你别着急，我这就给你具体解释。你可以看到，这个表格并不完整，它仅仅包含辅音字母，而元音字母无法对应数字。所以，如果把辅音字母和元音字母组合起来，你就可以得到一系列对应数字的词汇了。"

"能再举个例子说明一下吗？"

"好的，你来看'窗户'这个词，它对应的就是数字'30'，为什么呢？窗户这个词含有字母'K'和'H'，从表格中可以得出字母'K'对应数字'3'，而'H'则对应的是'0'，所以'窗户'对应的就是'30'。"

　　"那么每一个词语都能对应一个数字吗？"

　　"那是肯定的，你随便说一个词语来验证一下。"

　　"好的，那比如说'桌子'对应的数字应该是什么呢？"

　　"736，因为桌子这个词含有字母'C''K''Л'。'C'对应的数字是'7'，'K'对应的数字是'3'，'Л'对应的数字是'6'。所以说，任何一个词语都会有一个对应的数字来表示，当然了，不是所有的数字和词语对应起来都是那么容易的。比如，你今年多大了？"

　　"12岁。"

　　"可以用词语'年代'代替，这个词语中含有字母'Г''Д'，'Г'所对应的数字是'1'，'Д'所对应的数字是'2'。"

　　"假如我已经13岁了呢？"

　　"那么这个时候你的年龄所对应的词语就变成了'甲虫'，因为根据表格，'甲虫'这个词有字母'Ж'和'K'。'Ж'对应的数字是'1'，'K'对应的数字是'3'。"

　　我毫不犹豫地又接着问道："那'453'所表示的词语又是什么呢？"

　　"长烟斗杆。"词语"长烟斗杆"中含有字母"Ч"对应着"4"，字母"Ь"对应着"5"，字母"K"对应着"3"。

顺序数词

"真的是太有意思了！这样的确对你记住数字有很大的帮助，然而你在表演的过程中需要回答的是词语而不是数字呀？你又是怎么做到的呢？"

"那是因为我的舅舅给从1到100的顺序数词都一一对应上了词语，比如说1到10所表示的词语依次就是：

1——刺猬；

2——毒药；

3——奥卡河；

4——白菜汤；

5——墙壁；

6——脖子；

7——胡子；

8——柳树；

9——鸡蛋；

10——火焰。"

"不过'顺序数词'是什么意思呀？我还是不太理解，而且这些词语与数字这么对应又有什么用途呢？"

"哎呀，你还真是不会类推呀！'刺猬'为什么可以用数字'1'来表示，那是因为'Ж'表示的是数字'1'，而'刺猬'中含有字母'Ж'，所以可以用'刺猬'来表示数字'1'；以此类推，'毒药'所表示的数字是'2'；'奥卡河'所表示的数字是'3'；'白菜汤'所表示的数字是'4'……"

　　"原来是这样呀！那么'墙壁'所表示的数字是'5'，就是因为'墙壁'中含有字母'Ь'，而'Ь'可以与数字'5'对应，所以'墙壁'就可以用数字'5'来表示。"

　　"没错，就是这么回事。而且你也知道，把这些词语背下来，那简直是一件易如反掌的事情。所以，只要你把这10个词语都记住了，那么不管别人跟你说出多么奇怪的10个词语，你都能够很快地把它们联系起来。"

　　"你所说的能够把词语联系起来是什么意思呢？我实在是理解不了。"

　　"这样，你随便写10个词语出来，我仔细给你讲一讲。"

◆ 奇怪的组合

　　于是我写出了10个词语，它们分别是：雪、水桶、笑声、城市、图画、靴子、汽车、绳子、金子、死亡。

　　"我听到这10个词语的时候，根据平时训练的惯性思维，就会在脑海中把这10个词语分别和它们相对应的顺序数词联系起来，而我是怎么联系的呢？你注意听着——"

　　1.一只刺猬沿着雪地跑。

　　2.水桶里装着毒药。

　　3.奥卡河上传来一阵笑声。

　　4.城市里有人在喝白菜汤。

　　5.墙壁上挂着一幅图画。

　　6.一双靴子挂在脖子上。

　　7.胡子卡在汽车里了。

　　8.柳树长得有绳子那般长。

　　9.鸡蛋的蛋黄仿佛是一块金子。

　　10.火焰会导致死亡。

　　我听得一头雾水，于是打断了菲利克斯："胡子怎么会卡在汽车里面呢？这听起来简直是无稽之谈。"

　　"那又怎么样呢？虽然的确很荒谬，但是这些奇怪的组合却能帮助我快速地记住这些词语呀。至于为什么'刺猬沿着雪地跑''靴子挂在脖子上'，这些句子更是毫无逻辑可言，然而我们却能很快速地

一只刺猬沿着雪地跑。

1

水桶里装着毒药。

2

奥卡河上传来一阵笑声。

3

城市里有人在喝白菜汤。

4

墙壁上挂着一幅图画。

5

一双靴子挂在脖子上。

6

胡子卡在汽车里了。

7

柳树长得有绳子那般长。

8

鸡蛋的蛋黄仿佛是一块金子。

9

火焰会导致死亡。

10

记住它们。"

"那好吧，你接着往下说吧，你又是如何把'柳树'和'绳子'联系起来的呢？"

"柳树长得有绳子那般长。"

"那接下来的'鸡蛋'和'金子'又是如何联系到一起的呢？这两个东西之间又没有共性。"

"你的思维要开阔一些，金子的颜色不就和蛋黄很相似吗？"

"所以'火焰'和'死亡'能够联系起来是因为'火焰'会导致'死亡'？"

"当然可以这样理解呀！现在，你将每一个词语都和表格中的词语组合在了一起，接下来只需要按次序记住每一个词语所对应的顺序数字表示的词语，整个词语的表格就都能背出来了。"

"一只刺猬沿着雪地跑；水桶里装着毒药；奥卡河上传来一阵笑声；城市里有人在喝白菜汤。"

"稍等一下，接下来的词语让我来尝试着背一背：墙壁上挂着一幅图画；一双靴子挂在脖子上；胡子卡在汽车里了……"

"现在你应该能体会到我所说的了吧，虽然这些句子都很荒谬，但是却能够帮助我们快速而准确地背出这些词语。那我来考一下你，第8个词语是什么呢？"

"8——柳树长得有绳子那般长；9——鸡蛋的蛋黄仿佛是一块金子；10——火焰会导致死亡。"

"好了，现在再来说一说第5个词语是什么呢？"菲利克斯再次向我提问。

"5——墙壁上挂着一幅图画，所以第5个词语是图画。"

"现在，你可以尝试着按照倒序来背一背这10个词语。"

◆ **背诵词语**

虽然我完全没有信心能够倒序背出这10个词语，然而我却分毫不差地背出了所有词语，这简直太令我惊诧了。

我不禁欢呼道："哇！如今我也可以进行魔术表演了呀！"

菲利克斯有些担忧地提醒我："你可别忘记了你答应过我不会把秘密泄露出去的……"

"你放心啦，我向你保证过就一定不会说出去的。我还有一个疑问，你在表演的时候是需要背100个词语，而不是简简单单的10个呀，那你又是怎么完成的呢？"

"也没有什么其他特殊的技巧，还是通过这种方法，不过就是一次背下来100个数所表示的词语就好了。"

"那你可以说一说11到20这10个数字所代表的词语吗？"

菲利克斯在旁边的纸上写下了如下的数字及其对应的词语：

11——绒鸭

12——坏蛋

13——甲虫

14——渣滓

15——嘴唇

16——针

17——鹅

18——龙舌兰

19——山

20——房子

"当然了，这些数字所对应的词语并不固定，"菲利克斯进一步向我阐释，"你也可以自己给这些数字对应一些方便联系起来的词语。

"举个例子，之前对于数字'2'，我们所对应的词语就是'鱼竿'而不是现在所使用的'毒药'，主要是因为我们并不能很好地将'2'和'鱼竿'联系起来，所以我就让舅舅把'鱼竿'换成了'毒药'。

"还有一个例子，以前，对于数字'10'，我们对应的词语是'晚饭'，但是我自己认为'火焰'更容易和'10'联系起来，所以就替换掉了'晚饭'。

"其实还有一个不太合适的词语——'龙舌兰'，不过目前还没有想出更好的可以替换它的词语，所以只能暂时先使用着。"

"但是要同时记住100个句子，听起来也不是一件容易的事情呀，你是怎么做到的呢？"

"其实也没那么困难，因为我要经常演出，所以会经常进行训练，熟能生巧嘛，自然也就变得容易多了。我到现在都还记得上一次演出的时候观众所要求的那100个词语呢。"

"那我写的3个词语你还记得吗？"

"那你要先告诉我你写的词语的序号是什么？"

"68，69，70。"

"铅笔刀、雨、火灾。"

"完全正确呀！你是怎么记住的呢？"

"还是相同的方法：'68'对应的词语是'锡'，'69'对应的词语是'椴树'，'70'对应的词语是'睡眠'。用锡可造不出铅笔刀，一个人在椴树下躲雨，睡觉时梦见了火灾。"

"那你记住这个表格中的所有词语肯定需要很长的时间吧？"

"在上一次表演之前，我记住这些词语大概……不好了，舅舅回来了！"菲利克斯看到舅舅走进了院子，立刻停止了正在给我讲的秘密，然后很惶恐地让我赶快离开这里。

于是，在他的舅舅走上楼梯之前，我顺利地溜进了我自己的屋子。

心灵感应背后的秘密

所有的观众中，唯一一个知道这个魔术的神秘之处的人就是我，虽然我只知道这个秘密的一半，但我还是欣喜若狂！

而且，第二天，这个秘密的另一半我也知道了，但是，我为得知这个秘密付出了极其巨大的代价，我需要把耗费了两年时间所获得的全部邮票的集邮册送给菲利克斯。然而我并没有感到有多么不舍与忧伤，因为我最近沉迷于电子实验和设备无法自拔，对邮票这些老古董的热情早已大不如前了。

在我一再保证、发誓一定不会把秘密泄露出去之后，菲利克斯终于把他神秘表演背后的秘密告诉了我：他和他的舅舅会在表演之前准备一套暗语，而他们就是运用这套暗语"光明正大"地在观众面前进行正常交流的，而观众自然不会考虑到这一点，反而对菲利克斯的奇妙能力表示赞叹。你们看到的下面这一页的暗语就是秘密词典的一部分。

但是看着这个奇怪的表格，我并没有理解其中的奥秘，于是菲利克斯向我具体讲解了他是如何运用这套暗语和舅舅进行交流的。比如说，台下有一位女观众把她自己的钱包给了舅舅，这个时候，蒙着眼睛坐在台上的菲利克斯就会听到舅舅这样向他提问："你知道现在是谁给了我一样东西吗？"

提问词语	表示的意思		如果之前说了"聪明"这个词，那么表示的意思
怎样，什么样的	1戈比或1卢布	文官	文件夹
现在，什么，哪里	2戈比或2卢布	大学生	钱包
猜猜看……	3戈比或3卢布	姑娘	铜币
正确！请……	5戈比或5卢布	水兵	头巾
你能不能……	10戈比或10卢布	军人	信封
推断一下	15戈比	妇女	银币
请问……	20戈比	小姑娘	铅笔
好样的，试试	外国硬币	小男孩	纸烟

"知道"在那个表格中指示的就是"妇女"。所以菲利克斯就会回答说："一位妇女。"

　　"聪明！"舅舅再次声音洪亮地向菲利克斯提问，"现在请你告诉我，这是什么东西？"

　　根据表格，"聪明"和"现在"表示的就是"钱包"。于是，菲利克斯再一次说出了正确答案之后，舅舅继续发问："聪明！那你能不能告诉我，我现在从钱包中拿出了什么？"

　　因为在表格中，"聪明"和"你能不能"组合在一起所对应的意思是"信"，所以菲利克斯立即回答道："一封信。"

　　"聪明！那你猜猜看，现在我手里拿着什么东西？"

　　"1枚铜币。"菲利克斯继续自信地回答着，因为根据那个秘密词典中的对应关系，"聪明"和"猜猜看"的意思就是指铜币。

　　"是的！猜猜看一枚多大面值的铜币？"

　　"3戈比。"

　　"聪明！请问我得到的是什么东西？"

　　"铅笔。"

　　"正确！请告诉我是谁给我的？"

　　"一名水兵。"

　　"聪明。推断一下他现在给我的是什么？"

　　"一枚银币。"

　　有了这套神秘的暗语，他就可以和舅舅毫无障碍地交流，无论舅舅提出怎样奇怪的问题，他都可以得心应手地回答出来。而"聪明""正确""好样的"等这类表达激动的心情的词语，以及"你能""知道""是的""猜猜看"这类最常见的词语，都是根本不容易引起别人注意的词语，观众自然也不会怀疑这些词语有问题。

观众的口袋中可能出现的所有日常用品，都被他们提前收录在一个表格中，每一个都有对应的暗语，就是为了防止某些特殊的东西让魔术师猝不及防。

然而这只是他们在剧院表演时会用到的暗语表。倘若有一些观众邀请他们去家里进行演出，他和舅舅就不得不准备第二套暗语来表示下面这一页的物品。

所以，他们只要完整地把这个表格背下来，那么他和舅舅即使应邀在观众家中表演也是一件很容易的事情了。有了这套暗语表，菲利克斯就可以配合舅舅准确地回答出观众的一举一动。下面就是他和舅舅表演的一些片段：

"现在客人中的哪一位站起来了？"

"大学生。"（"现在"在表格中表示"大学生"。）

"他正往什么地方走去？"

"食品柜。"

"是的。现在他来到了什么东西旁边？"

"炉子。"

"正确！现在他往哪里走去？"

"客厅。"

以此类推。

提问词语	之前已经说过的词语			
	正确	太好了	好	太棒了
	表示的意思			
怎样，什么样的……	烟盒	戒指	怀表	扇子
现在，什么，哪里	雪茄	胸针	眼镜	手套
猜猜看	火柴	勋章	夹鼻眼镜	帽子
正确！请……	打火机	坠子	烟嘴儿	大檐帽
你能不能……	火柴盒	簪子	梳子	拐杖
推断一下	烟灰缸	金属帽	照片	书
请问……	缝衣针	小刀	花	报纸
好样的，试试	大头针	羽毛笔	刷子	宣传单

第三套暗语

第三套暗语则是针对手指的数目和扑克牌的：大王、2、3、5、10的表示方法和1戈比、2戈比、3戈比、5戈比以及10戈比一样；4戈比和15戈比表示方法一样，6戈比和20戈比表示方法一样……以此类推。

其实总的来说，这一切都是提前设计好的，连最细枝末节的部分都设计好了。所以，只要能够熟练地运用这几套暗语，那么表演出让观众拍手称奇的心灵感应术就是很容易的事情了。

对我来说，虽然我现在知道了这个魔术背后的秘密，这个表演仿佛也变得容易起来，但是当我刚刚得知这个魔术背后的奥秘时，我还是为其中的睿智思想所折服。不过，如果仅仅是让我猜，我肯定永远也猜不出其中的奥秘，所以即使付出了一套集邮册也在所不惜。

　　到这里，我只知道了一半的秘密，另一半的秘密就是菲利克斯为什么可以匪夷所思地悬在半空中呢？

　　大家都猜测说这是催眠术，所以他才能仅仅靠一只胳膊靠在木棍上就可以躺在半空中。

　　于是我把大家的推测告诉了菲利克斯，他从抽屉中拿出一个奇怪的道具来向我解答这一问题，这个道具是一根厚厚的铁条，铁条上面有几个圈状物和几根皮带。

　　菲利克斯非常淡定地向我解释道："这个道具就是支撑着我停留在空中的东西。"

　　我看着这个奇怪的东西，百思不得其解："所以你是躺在这个东西上面吗？"

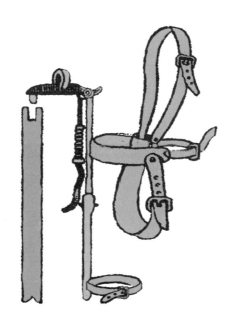

"我是将这个东西穿在衣服里面了，你看着我给你演示一下，"他一边说着一边轻松地把一只手和一只脚伸进圈状物，并且在胸脯和腰部系上皮带，"我穿好之后再把铁条这一端插到木棍里面，我就可以停留在空中了，我舅舅就是这么悄无声息地把我装好的，而且别人根本看不出来是有东西在支撑着我。这样躺着也不难受，也不会觉得累，甚至你想睡觉也是可以的。"

"你那天表演的时候没有睡着吗？"

"表演现场那么吵，想睡也睡不着，而且舅舅要求我在舞台上只能闭着眼睛，不能睡觉。"

这个时候我突然想到我旁边的观众为了"菲利克斯为什么可以悬在半空中"这个问题争论不休的样子，不禁放声大笑：原来是这样的呀！

我在离开菲利克斯的房间之前，再次特别严肃地向菲利克斯声明，我坚决不会将这个秘密泄露出去一星半点儿。

第二天清晨，我透过窗户看到菲利克斯和舅舅驾着马车走了，随着他们的离开，《举世奇迹》的演出也离开了我的家乡，从此剩下的只有传说了。

但是我没想到之后我再也没有见到过菲利克斯，甚至关于《举世奇迹》在其他各个城市的演出信息也再没有听到过。

虽然那是我最后一次见菲利克斯，但是我一直遵守着我和他之间的诺言，一直保守着这个秘密，从来没有给任何人讲起过《超凡的记忆力》和《心灵感应》这两个魔术背后的秘密。

第二章

不是不可能

剪子和纸片

◆ 纸条魔术

那间装修完的屋子里，只有一些用过的明信片和剪剩下的墙纸纸条，乱糟糟地堆在角落里。我实在想不出这些东西能有什么用处，觉得它们大约也就只能用来放入炉子了吧。但其实就算是这些毫无用处的东西，也能玩出很多花样。哥哥就用这些东西带我玩了很多极其有趣的游戏。

哥哥先用一些纸条开始变魔术。

他拿着一个有三个手掌长度的纸条对我说："现在，把这个纸条剪成三个部分。"

我刚打算抬起剪刀咔嚓剪断，就被他拦住了。他补充道："慢着，我还没说完呢。你只能用一刀来把这个纸条剪成三段。"

加了这个要求之后，问题就变得困难了。我不断地尝试各种方法，试得越多越发现这是一个无解的难题。最终，我认输了，觉得自己完全不可能办到。

"这完全就是不可能办到的事情啊。"

"你自己好好思考，这其实很简单，你肯定能做到，并且你也能自己想出方法。"

"我早就想过了，这根本就是无解的。"

"那你可说错了。把剪刀递给我，我给你示范。"

哥哥接过纸条和剪刀，将纸条对折，再把它从中间剪开。这样就将纸条剪成了三段。

"明白了吗？"

"天哪，你怎么想到把纸条对折呢！"

"那你怎么想不到对折呢？"

"你之前可没跟我说可以把纸条对折呀？"

"我有说不可以对折吗？还不快承认你自己没答对。"

"你再出一道题，我肯定答得出来。"

"你看，我这里还有一张纸条，不管你用什么办法，只要把它侧立在桌子上就可以啦。"

"侧立在桌子上？"我想了好一会儿才想起来纸条是能被折叠的。然后我就把纸条对折出一个褶皱，侧立在桌子上。

"没错！"哥哥很满意。

◆ 纸环的魔法

"那再来一题！"

"请听题！我把这几张纸条粘在一起，做成一个纸环。我给你一支红笔和一支黑笔，你用黑笔沿着外围的圈画一条线，再用红笔沿着内圈画一条线。"

"之后呢？"

"这样就好了。"

这简直太简单了！但这么简单的题目我也做不出来。因为当我刚用黑笔将两段画的线连起来的时候，就发现我的纸环两侧都被画出了黑色线条。这样根本没有办法画上红线。

"你再给我做一个纸环吧，我第一个画错了。"我很无奈。

结果还是一样，第二个我也没画出来。同样的问题，我都没发现我是怎么画错的，为什么就成了一条直线呢？我很纳闷。

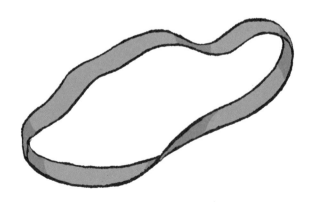

"这怎么可能啊？莫名其妙，我又画错了，请再给我一个吧。"

"没关系，接着来。"

这次又是什么情况呢？不知道大家能不能猜到，我把纸环两侧都画了黑色线条。

"你瞧瞧，这么简单的题目你都没能完成！"他笑了笑，继续不紧不慢地说，"看好了，我来给你演示一下如何一次完成。"

哥哥又重新做了一个纸环，只用了一次机会便在内侧画了一条红线，外侧画了一条黑线。

我也尝试着重新拿出纸环，小心谨慎地模仿他在纸环内侧画红线并且保持不画到外侧。结果我又失败了，我把纸环两侧都画上了红线，我更加不解，将纸环递给哥哥。哥哥狡黠地看着我，笑了。看着他那怪异的表情，我才怀疑事情可能不太对劲儿。

"咦，你怎么笑得这么诡异……难道……难道这是一个魔术吗？"我满脸疑惑。

"好了，现在我已经对这个纸环施了法术，它不是一个普通的纸环了。你再来试一试吧，用它来做一些不同的事情，你可以将它剪成两个更细的纸环。"

"这多简单！看好了！"

随着剪刀"咔嚓"一声，我的动作很迅速，我拿着剪开之后的纸环，展示给哥哥看，但是我却发现，这不是两个纸环，竟然成了一个拉长的纸环。

"哟，在哪儿呢，你所说的两个纸环我可没看到哦。"哥哥的表情越加诡异。

"不行，我再试一次！"

"放心，你还是会剪成这样的，一模一样。"

我不信，就又剪了一次。不过这一次，我真的剪出了两个纸环，但它们却缠绕在了一起，我根本没有办法把它们分开。正如哥哥所说，这纸环的确像是被施了魔法一样。

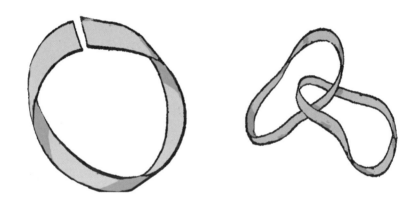

"其实吧，这里的秘密非常简单。如果在将纸条连在一起之前按照图示方法绕上一圈，拧起来，这个问题就迎刃而解了。"

"这就是全部的秘密吗？"

"你仔细想一下，我之前也是在普通的纸环上画出的线条，现在将纸条末端拧两圈而不是一圈，还会有更有趣的结果。"

哥哥用他刚刚说的方法又做出了一个纸环，递到了我的手上。

"剪剪看，你看会有什么结果呢？"哥哥鼓励我。我按照他的方法剪，最终得到了两个纸环，但是它们竟然是串在一起的，太不可思议了，我竟然做出了三个纸环，并且是三对无法拆开的纸环。

"你再想想看，如何将这四对纸环连成一个完整的链条呢？"哥哥又问。

"这可难不倒我，首先要把每对纸环中的一个剪断，然后再用这个纸环把其他的纸环串联在一起，最后用胶水粘起来就大功告成了。"

"所以你是想说，你想要把三个纸环全部剪开吗？"

"是啊。"我不假思索地说。

"那如果没有三个纸环怎么办呢？"

"我们一共有四对纸环呢，按照你的说法只剪开其中的两个纸环，根本就没办法将它们都串在一起。"

他没有理会我的发问，径直拿起了我手里的剪刀，默默地把一对纸环全部剪开，然后再用这剪下来的两个纸环分别串起剩下的三对纸环，这样一条完整的由八个纸环串联而成的纸链就诞生了。果然是最简单的方法，出乎我的意料。

◆ 明信片问题

"这个纸条的戏码我们已经玩好久了，换个别的继续吧。你不是有很多空白的明信片吗，拿过来吧，这些明信片也有很多有趣的玩法哦。你试一试从一个明信片上剪出一个最大的洞。"

我又理所当然地拿起剪刀，先刺穿了明信片，接着沿着四条边认认真真剪出了一个大窟窿，之后只剩下极窄的边缝。

　　"不可能有比我这个窟窿还大的洞了！"我得意地将作品拿给哥哥看，很显然我对它非常满意。

　　哥哥看了看已经剪成的洞，似乎想说什么。

　　"你这个窟窿也不是很大呀，最多只能放进去一只手。"

　　"不然呢，你还想把你的头都塞进去吗？"我觉得简直不可思议。

　　"那都算小的了，如果能把我整个人都塞进去，才能达到我的要求呢！"

　　"什么？你想要用这张明信片剪出比人还大的窟窿？"

　　"没错，确实需要剪成比这张纸大很多倍的洞。"

　　"别开玩笑了，这种事情绝对是不可能的，谅你也做不出来。"

哥哥不屑地看了我一眼。我紧紧地盯着他的双手。首先，他将明信片对折，再用铅笔在两个长边上各画一条直线（图1），再向A点上方剪一刀到上面的直线处停下来，接着再从旁边由上往下剪，并到下面的直线处停止。不断地循环往复上下裁剪，直到B点截止（图2）。然后把A到B两点豁口之间阴影部分的底边剪掉。最后，把剪完的明信片拉开，纸就变成了很大的纸环，大功告成。

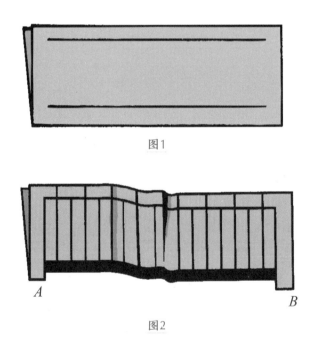

图1

图2

　　"完成了。"哥哥向我宣布。

　　"哪儿来的什么窟窿，我没看到啊。"

　　"再仔细看看！"

　　哥哥把明信片一把拉开。瞬间它就成了一条长纸链。

然后哥哥顺手就把它套在了我的脑袋上，纸链顺着我的身体下滑掉落到了脚边。

"我说得没错吧，你肯定能穿过这个大窟窿。"

"这么大，简直两个人都能够站进来。"我很惊诧。

时间不早了，哥哥赶紧结束了他的表演。他答应我下次的表演一定会有新的魔术，不过下次就不用纸，而是换成硬币了。我满心欢喜地期待着。

硬币戏法

◆ 如何看到碗底的硬币

"昨天说好的用硬币表演的魔术什么时候开始？"刚吃完早饭，我就迫不及待地找哥哥去了。

"这么一大早就开始吗？你可真磨人，那好吧，给我找一个空碗来。"

拿出空碗后，他丢了一枚硬币到那个碗里。

"盯着碗看，不要走神，也不要乱跑，更不要身体前倾。现在，应该能看到那枚硬币了吧。"

"能看到。"

哥哥移动了一下碗。

"现在能不能看到呢？"

"现在硬币被遮住了大部分，只能看到边缘处了。"

哥哥又将碗移动了一下，直到我完全看不到那枚硬币才停了下来。

"现在你坐好了，别乱动，我把碗里加满水，你再看看硬币。现在怎么样了？"

"我又看到那枚完整的硬币了，这是怎么回事呀？它竟然跟碗底一起向上浮动了一段距离！"

哥哥拿起了笔，给我画出了一个装有硬币的碗的示意图（图3），我一下子恍然大悟。我们都知道光线是沿着直线传播的，那么当硬币在没有水的碗里时，由于碗是不透明的，而又恰好隔在硬币和我的眼睛之间，所以任何一条从它**反射**出的光线都不能传到我的眼睛里。但是哥哥在碗里加满了水之后，情况就完全不同了。硬币反射出的光线从水中射入空气中时，产生了**折射**的现象，就是一种弯折，之后越过碗壁的最高处射入人的眼睛。大家如果按照**光线的直线传播**原理来解释这种现象，就会得出硬币升高了的错误结论，而我们认为的升高的位置实际上就是眼睛沿着折射后光线的那条直线逆向看到的地方。所以，我们就觉得碗底和硬币一起往上浮动了。

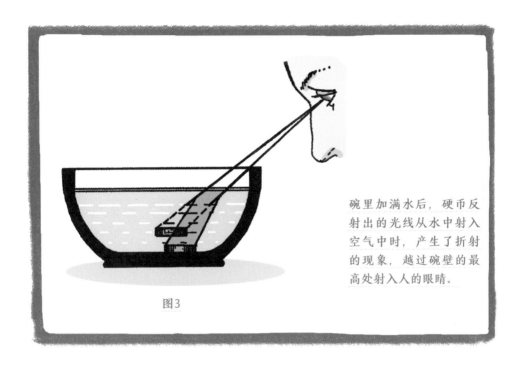

碗里加满水后，硬币反
射出的光线从水中射入
空气中时，产生了折射
的现象，越过碗壁的最
高处射入人的眼睛。

图3

"当你在游泳的时候这个实验也是适用的哦，"哥哥继续补充，"当你认为在能看到水底的浅水处游泳时，千万不能忘记，由于有折射的缘故，你看到的位置一定会比实际的位置要高，而且大约能高出整个深度的$\frac{1}{4}$。就比如说，实际深度为1米时，你所看到的只有75厘米深。这也就解释了为什么在浅水处有更多孩子发生不幸。可见错误估算水的深度是多么可怕。"

"我还观察到一个现象，每次当我们驾驶着小船滑行在能看见水底的地方时，会觉得深水区永远就在小船的正下方。并且随着小船的移动，深水区也不停地变动。而周围水域却一直让我们感觉很浅，这又是为什么呀？"

"根据我们上面探讨过的内容，这个问题应该就不难理解了。这其中最神秘的地方就在于深水处反射出的光线几乎都是垂直射出来，比其他地方的光线改变的幅度大为减小。

"所以水底反射出的垂直光线比反射出倾斜光线的地方看起来的水面移动位置要小很多。这就给我们造成一种错觉，深水处永远在船的正下方，但实际上不是这样的。"

◆ 如何放置硬币

"我们继续来做一道题：现在有10个碟子和11枚硬币，你需要将所有硬币放到碟子中，并且保证每个碟子只能放一枚硬币。"

"这是个物理实验吗？"

"不是哦，这只是一道心理学的题目。来，试试看。"

"把11枚硬币放到10个碟子里面，并且每个碟子只能放一枚硬币。这——这根本不可能，我做不出来。"我显得很窘迫。

"试一试吧，我跟你一起做。我们首先把第一枚硬币放到第一个碟子里面，顺便暂时放进去第十一枚硬币。"

我听话地把两枚硬币放入了第一个碟子。我对接下来将要发生的事情很好奇。

"2枚硬币都按照我说的放了吗？那么接下来我们把第三枚硬币放到第二个碟子里面，第四枚硬币放到第三个碟子里，第五枚硬币放到第四个碟子里……以此类推，全部放好。"

我完全照着哥哥的要求办了。但是当我把第十枚硬币放到第九个碟子里之后，我突然神奇地发现，还剩下一个碟子空着。

哥哥得意地把暂时寄存在第一个碟子里的第十一枚硬币取出来放到了第十个碟子里，边做边说："现在，我们把那个多余的硬币放到这个空碟子里来。"

这简直难以置信，现在完全做完了那道题：11枚硬币放到10个碟子里，而且每个碟子都只有一枚硬币！

哥哥看出了我的疑惑，迅速收拾起了碟子和硬币，不打算向我解释这其中的奥妙。

"你自己来猜猜，这个过程可比我跟你直接说答案有趣得多呢，对你也更有益处。"

◆ 如何排列硬币

哥哥完全不理会我的疑问，马上准备安排新任务了。

"现在我给你6枚硬币，你需要把它们排成3列，每列3枚。"

"这很明显需要9枚硬币呀。"

"9枚硬币当然可以排列出来，但是今天你一定要用6枚硬币来完成。"

"这不会又是跟找丬坑笑吧，太无厘头了。"

"你可不能这么轻言放弃！瞧着，我给你摆。"

哥哥不动声色地按照下面的方式把所有的硬币给排开了。

"你看看，这就是3列，并且每列有3枚硬币。"哥哥边做边解释（图4）。

"这3列硬币互相交叉了！"我不服气地说。

"那就让它们交叉呗，要求里可没有说不能让它们交叉哦。"

"你要是早点儿跟我说这条规则，我肯定也能做得出来。"

"你自己再琢磨琢磨吧，这道题还有别的解决方法呢（图5），你待会儿再研究，不是现在。我再给你出3道同样类型的题目。请仔细听题。

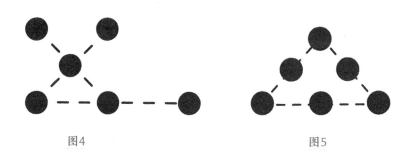

图4   图5

"第一题：给你9枚硬币，把它们排成10列，并且每列有3枚。

"第二题：给你10枚硬币，你需要排成5列，让每列都有4枚。

"第三题：画一个大正方形，它由36个小正方形组成，你给这些正方形里面放置18枚硬币，记住每个小正方形中只能放一枚硬币，并且要保证每一横行和每一纵行都有3枚硬币。等你完成这些题目，我们来做一个小游戏。"

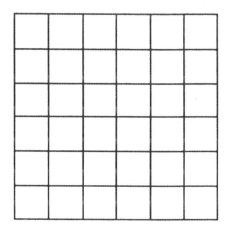

◆ **硬币小游戏**

说完，哥哥就摆出了3个碟子，还给第一个碟子里撒了一把硬币：最下面的是1卢布，上面依次压着的还有50戈比、20戈比、15戈比、10戈比。

"我们要按照以下3个规则把硬币全部转移到第三个碟子里去。"

> 第一个规则：每次你只能动一枚硬币。
>
> 第二个规则：不可以把小面值的硬币放到大面值的硬币的下面。
>
> 第三个规则：满足前两个规则之后，可以暂时把硬币放到第二个碟子里面。

"但是要保证全部完成游戏之后，所有的硬币都在第三个碟子里，连次序都要按照第一个碟子里那样摆放。

"规则就这么多，不复杂吧。现在就开始做吧。"

我立刻就开始了行动。首先，我在第三个碟子里放入面值10戈比的硬币，中间那个碟子里放入面值15戈比的硬币。随即，我的困惑来了，还剩下一个20戈比的硬币，它的面值可比10戈比和15戈比都要大，应该把它放在哪里呢？

"遇到什么难事了？"哥哥走了过来，"你看着，如果先把10戈比的硬币放在15戈比的硬币的上面，也就是中间那个碟子，那么就能把20戈比的硬币放置到最后一个碟子里了。"

我立刻试了一下。刚刚解决这个难题，又一个新问题出现了：50

戈比的硬币的放置问题。

我想了想，最终问题迎刃而解。10戈比的硬币首先要被放到第一个碟子里，然后把15戈比的硬币放到第三个碟子，接着把10戈比的硬币放到第三个碟子里15戈比的硬币的上方。这样再把50戈比的硬币放到第二个碟子里面。这样不停地挪动，最终我按照要求把那枚1卢布的硬币放到了第三个碟子里，并且让整摞硬币都按规则转移到第三个碟子里了。

哥哥对我的成功完成表示赞赏，问道："那你一共挪动了多少次呢？"

"我没数过。"

"那现在来数一下吧。这道题最有趣的地方恰恰在于我们要用尽可能少的次数来完成游戏要求。假设我们只有2枚硬币，面值分别是15戈比和10戈比，一共要挪动多少次来完成要求呢？"

"只需要3次就好。你看，先把10戈比的硬币放在中间的碟子里，然后把15戈比的硬币放到最后一个碟子，最后再把中间的10戈比的硬币叠放在第三个碟子里15戈比的硬币的上方就完成了。"

"完全正确。我们继续增加硬币的数量，现在多了一枚20戈比的硬币。现在来算算最少需要挪动多少次呢？先来这么办：我们知道把最小面值的2枚硬币放到中间碟子里仅仅需要3次，然后再把20戈比的硬币移动到最后一个碟子，这样又算一次。最后把中间的两枚硬币全部放到第三个碟子里，又需要3次。一共挪动3＋1＋3＝7次。"

"那我来算算4枚硬币的移动需要多少次吧！先移动7次把面值最小的3枚硬币放到中间的碟子里，然后再用一步把50戈比的硬币放到第三个碟子里，最后把这3枚硬币全部叠放到第三个碟子中，这一操作需要7次。那么一共算下来是7＋1＋7＝15次。"

"原来是这样，那如果有5枚硬币呢？"

"只需要15＋1＋15＝31次。"

"太棒啦，你已经学会这道题的解决方法，接下来我再来教你一种更神秘的简便方法。我们之前得到的数字是3、7、15、31，这些数字都是把2做2次或2次以上的乘法运算之后再减1。你瞧瞧这个！"

他指着列出的表格给我看：

$3 = 2 \times 2 - 1$

$7 = 2 \times 2 \times 2 - 1$

$15 = 2 \times 2 \times 2 \times 2 - 1$

$31 = 2 \times 2 \times 2 \times 2 \times 2 - 1$

　　"我现在看懂了，题目中给出多少枚需要移动的硬币，就把相应个数的2相乘，最后结果再减去1即可。以此类推，我可以计算出移动任意个数的硬币需要的次数了。打个比方，一共7枚硬币的话，就需要 $2 \times 2 \times 2 \times 2 \times 2 \times 2 \times 2 - 1 = 128 - 1 = 127$ 次。"

　　"很棒，你完全掌握这个古老游戏的秘诀了。但还有一条规则你需要记住，那就是当硬币的数目是奇数时，你就要先把第一枚硬币挪到最后一个碟子里；硬币数目是偶数时，就需要把它挪到中间的碟子里。"

"等等，你说这是古老的游戏，它难道不是你创造出来的游戏吗？"

"当然不是了，我是把类似的游戏换成硬币来玩而已。这个古老的游戏来源于印度，它还有个神秘的传说。在巴纳拉斯城的一个寺院里，印度**婆罗门教**的神创造了整个世界，并且制造了3根木棍，上面嵌满了钻石。他在一根木棍上串了64个金环。那个寺庙的祭司们需要将这些金环从一根移动到另一根上，其中第三根木棍可以用来协助。但是转移的金环需要按照类似我们刚刚游戏的规则来进行，也就是说每次只移动一个环，并且只能把小环套在大环的上方而不能颠倒顺序。祭司们夜以继日地转移这些金环，据传说当64个金环全部按照规则转移完成之后，世界末日即将来临。"

"天哪，还好这只是个传说。否则，这个世界早就被毁灭了！"

"看来你觉得转移这64个金环需要的时间很短啊？"

"那当然啊，你想想，如果祭司们一秒钟就完成一环的移动，那么一小时就是3600次移动。"

"接着算。"

"那一昼夜不就是将近100000次了，10天的话一共就能转移100万次。这100万次难道还转移不了区区64个金环吗？我看1000个金环都能转移了吧！"

"那你可大错特错了！转移64个金环可需要耗费5000000000000年！"

"这——这怎么可能！用公式算一算，转移的次数等于2的64次方，那么结果是……"

"是啊，也就是1844亿亿多啊！你现在还认为很少吗？"

"你可别蒙我，我现在就拿出计算器验证。"

"好啊，等你算完前，我还能干很多我自己的事情。"

哥哥就这么走了，我继续埋头苦算。我把2的16次方算出来，紧接着再把这个结果也就是65536做个平方，得出的数再来一个平方。我可有的是耐心做这些无聊的活儿。

最终结果出来了：18446744073709551616。

事实证明，哥哥是正确的。

接着，我开始做哥哥给我留下的其他题了。这些题倒不是很难，有的简单到我信手拈来。比如那个之前做的把11枚硬币放到10个碟子里并且每个碟子只能放一枚硬币的题目，真是简单极了。

按照哥哥说的，我把第一枚和第十一枚硬币都放在了第一个碟子里，然后放置第三枚，以此类推。我还是发现了其中的不对劲儿，那第二枚硬币去了哪里呢？完全被我们排除在外了，这才是其中的奥秘。

其他两道题目的结果图已经罗列在这里（图6和图7），这时再做

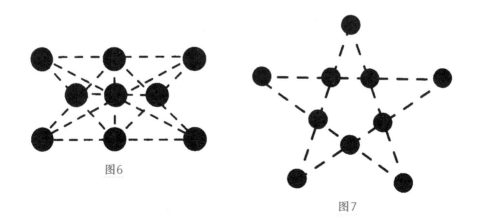

图6

图7

排列硬币的题目就变得非常简单了。

最终，把硬币放到每个小正方形里，并且每个小正方形只能放一枚的那道题，也解决了。36个小正方形组成的大正方形里放置了18枚硬币，这样能保证每一横行和每一纵行都是3枚硬币。

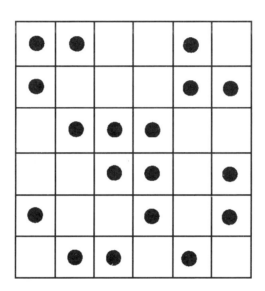

早餐谜题

◆ **硬币穿洞**

　　早上，哥哥的一些朋友和我们一起吃早餐。哥哥的一个朋友突然对我们说："昨天，有人问了我一个很有趣的题目，这个题目是这样的：拿出一张纸，用剪刀在纸上剪一个圆形的洞，大约和10戈比的硬币大小差不多，之后你要从这个圆洞中穿过去一枚50戈比（50戈比的硬币比10戈比大）的硬币，这些人信誓旦旦地说这是一件有可能做到的事情。"

　　哥哥听完之后说道："那现在让我们一起来看一看这件事情到底可不可行。"哥哥一边说着一边翻开他的笔记本查找一些数据，之后又经过一系列的计算，最终得出的结论是："他们说得没错，这件事情是完全可以办到的。"

　　这时候，一个客人很疑惑地问道："我不明白这到底是怎么做到的？"

　　我突然灵机一动，给这个客人解释道："我知道是怎么回事。是这样的，可以第一次先穿过一枚10戈比的硬币，然后再依次让第二枚、第三枚、第四枚、第五枚10戈比的硬币穿过这个圆洞，就可以完

成把50戈比的硬币穿过这个只有10戈比硬币大小的洞了。"

"不是总共让50戈比穿过圆洞哦，是将一枚价值50戈比的硬币穿过这个圆洞。"哥哥及时对题目的真正意思进行了解释。

然后，哥哥对他之前所下的结论进行了验证：他首先拿出两枚硬币，一枚10戈比、一枚50戈比，然后把10戈比的硬币放在纸上，并且将硬币的圆形轮廓在纸上勾勒了出来，之后再将勾勒出来的形状用剪刀剪出来。

"好了，我们现在就要把这枚50戈比的硬币穿过这个圆形的洞。"

我们将信将疑地看着哥哥开始操作。他首先将有圆洞的纸片折起来，通过调整折叠的方式使圆形的洞成为一条又细又长的狭缝。当哥哥使50戈比的硬币轻而易举地从这个狭缝中通过的时候，你们真的很难想象，在场的我们有多么诧异！

哥哥的那个朋友也很惊讶地感叹道："即使我亲眼看见了整个过程，但我还是觉得非常不可思议，因为我们都知道纸上的圆洞只有10戈比大小啊，它的周长要比这个50戈比的硬币小很多呀！"

"那我来给你仔细解释一下你就会懂了。根据我所了解的常识，一枚10戈比硬币的直径大约是17.3毫米，那么根据周长计算公式C＝2πr，这个圆形小洞的周长大致是它的直径的3.14倍，计算出来它的周长大约是54.3毫米，那么你们仔细考虑一下，如果我把这个圆形的小洞折成一条细长的狭缝，这个狭缝的长度会是多少呢？它的长度基本上能够达到周长的一半，所以，狭缝的长度大致是27毫米，而50戈比的硬币的直径，大家应该都知道，是不到27毫米的，所以将一枚50戈比的硬币穿过这个圆洞是完全可以做到的事情。肯定还有人会问道，硬币是具有厚度的，难道不用考虑吗？那么请大家回忆一下，我们在一开始用铅笔在纸上根据10戈比的硬币来描绘圆圈的时候，由于硬币具有厚度，所以我们画出来的圆圈周长本来就会稍大于硬币本身，所以在这里，我们就可以忽略掉硬币厚度产生的误差。"

（图8）

图8

哥哥的朋友惊呼道："原来是这样，我现在完全懂了。也就是说，假如我把一枚50戈比的硬币用一根线打成活扣紧箍起来，之后我再把活扣固定成一个线圈，而这个时候，即使这枚50戈比的硬币能够穿过活扣，我固定活扣为一个线圈之后，它就没法儿再穿过去了。"

（图9）

这个时候，妹妹非常崇拜地对哥哥说道："你能够清清楚楚地记住每一种硬币的尺寸，太厉害了。"

"我也记不住所有硬币的尺寸，我只是把那些尺寸比较特殊、容易记的记住了，而另外的我会记录在笔记本上。"

"可是我觉得所有的硬币尺寸都不好记呀，那么多种硬币，很容易就混淆了，哪些记起来简单一些呢？"

"你先别急着下结论。现在我问你，要记住把3枚50戈比的硬币排列成直线的长度是8厘米也是一件很难的事情吗？"

"你这个机智的方法我之前怎么没想到呢，"一位客人赞叹道，"要是知道了3枚50戈比的硬币排列成直线的长度是8厘米，那么就可以根据硬币来测量距离了。所以，口袋里时时刻刻装上一枚50戈比的硬币对于鲁滨逊式的人来说是有极大的益处的。"

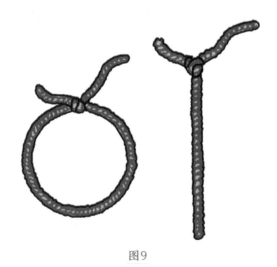

图9

◆ 硬币的尺寸

"由于法国的硬币尺寸可以通过一种简单的比例关系来和米尺进行换算，所以**儒勒·凡尔纳**在他的小说中就曾经写到主人公通过硬币进行测量的故事。而且还有一个小窍门需要你们注意，硬币的尺寸与重量之间也存在换算关系，所以硬币的另一项功能就是帮助鲁滨逊式的人进行重量的估算。1卢布硬币的重量是20克，50戈比硬币的重量是10克。"

妹妹听完就追问道："那1卢布硬币的体积是不是50戈比的2倍呢？"

"是的，刚好是2倍。"

然后，妹妹对哥哥的说法提出了疑问："但是不管是硬币的厚度还是直径，1卢布都不是50戈比的2倍呀。"

"1卢布硬币的直径和厚度当然都不是50戈比的2倍，如果真的做成那个样子的话，从体积上来说，1卢布硬币肯定就不是50戈比的2倍了，而是……"

"而是4倍对不对，这个我是知道的。"

"你说得不对，正确的答案应该是8倍。请你想一想，假如某枚硬币的直径是50戈比硬币的2倍，那么相对应地，它的长度是50戈比硬币的2倍，而且它的厚度也应该是50戈比硬币的2倍，所以按照体积计算公式：长×宽×高，这枚硬币的体积应该是50戈比硬币的$2 \times 2 \times 2 = 8$倍。（这里的硬币实际是圆柱体，圆柱的体积$V = S_{底面积} \times 高 = 2\pi r^2 \times h$，但这里采用类比的方式，用矩形的体积公式代替了圆柱。）"

于是，这位客人以此类推："如果想让1卢布硬币的体积保持为50戈比硬币的2倍，那么1卢布硬币和50戈比硬币的尺寸之间就需要存在这样一种比例关系：直径、长度和厚度的倍数之积等于2。"

"你说得完全正确，由于$1\frac{1}{4} \times 1\frac{1}{4} \times 1\frac{1}{4}$的计算结果大致是2，所以1卢布硬币的体积想要是50戈比硬币的2倍时，这两种硬币的尺寸之间存在的倍数关系应该是$1\frac{1}{4}$。"

"那么这两种硬币的真实比例到底是什么样子的呢？"

"事实也是如此，也就是说，1卢布硬币的直径的确是50戈比硬币的$1\frac{1}{4}$倍。"

客人恍然大悟地说道："原来如此，这件事情突然让我想起了另一件事，这个故事讲述的是之前有一个人做了一个很奇怪的梦，他梦见了一枚1000卢布的硬币，而这枚硬币竖直立起来竟然高达4层楼。那么按照刚才的思路，即使真的制作了一枚1000卢布的硬币，它的高度也不会超过一个人的身高。"

哥哥进一步解释："你说得没错，由于$10 \times 10 \times 10 = 1000$，所以1000卢布硬币的直径应该是1卢布硬币的10倍，那么显而易见，把1000卢布硬币竖直立起来的高度只能达到33厘米，大约是一个人身高的$\frac{1}{6}$，而你讲的故事中的那个人梦中所见到的4层楼高的1000卢布硬币是根本不可能存在的。"

"所以从上面的例子中我可以总结出这样一个结论：假如一个人的

身高比另外一个人高出$\frac{1}{4}$，与此同时，他的体型也比另外那个人胖$\frac{1}{4}$，那么这个人的重量就会是另外那个人的2倍。"

"没错，你得出的这个结论是完全正确的。"

买西瓜

妹妹想了想问道："我在市场买东西的时候遇到了一个难题，哥哥你也帮我解答一下吧。题目是这样的，有两个大小不一样的西瓜，个头儿比较大的西瓜是小西瓜的1.25倍，而价钱呢，是小西瓜的1.5倍，那这个时候我应该选择哪个西瓜会更划算一些呢？"

这时，哥哥对我说："这个问题就交给你来回答了，其实如果在价格上大西瓜是小西瓜的1.5倍，而体积仅仅是小西瓜的1.25倍，那么显然是买大西瓜更合算一些。"

"不对呀！根据我们前面讨论的例子来看，假如某一个物品的长度、宽度、厚度都是另一个物品的1.25倍，那这时它的体积大致可以达到另一个物品的2倍，这也就意味着，虽然个头儿大的西瓜在价格方面是小西瓜的1.5倍，但是根据体积计算，大西瓜可以吃的部分是小西瓜的2倍。"

客人追问道："那售货员为什么不把大西瓜的价格定为小西瓜的2倍，而只是1.5倍呢？"

　　"那是因为售货员并不懂几何学，不过买主们也不明白其中的道理，所以对于他们来说都没有做划算的买卖。不过到目前可以不用怀疑的是，买大西瓜肯定会比买小西瓜便宜，因为售货员在估计大西瓜的价值的时候一般都会估得比真实价值低一些，然而绝大多数的买主其实也并没有认识到这一点。"

　　"那你的意思就是说，在买鸡蛋的时候，也是买大鸡蛋会比小鸡蛋便宜吗？"

　　"这当然是毋庸置疑的了，买个头儿大的鸡蛋肯定要更划算，不过，德国的售货员要比我们国家的售货员聪明许多，他们为了避免错误估价这种情况的发生，在出售鸡蛋的时候，会进行称重，完全按照重量来卖鸡蛋。"

◆ 头发数量是多少

这时客人又提出一个问题："我这里也有一道很有趣的题目，但是我没回答出来，大家一起来看一下这道题目，有一个人问渔夫捕到的鱼总重量是多少，渔夫用一种特殊的方式回答道：'$\frac{1}{4}$千克再加上总重量的$\frac{3}{4}$。'那么请问：渔夫到底捕了多少千克鱼？"

哥哥回答道："其实这个题目还是很容易的，根据题目我们可以得出$\frac{3}{4}$千克就是渔夫所捕的鱼总重量的$\frac{1}{4}$，那么所有鱼的总重量其实就是$\frac{3}{4}$千克的4倍，$\frac{3}{4} \times 4 = 3$千克。接下来我给你们出一道有难度的题目吧，问题是这样的，这个世界上会不会存在头发数量相同的人？"

我不假思索地回答道："这个题目太容易了，所有光头不就是头发数量相同的人嘛。"

"当然是把光头排除在外，其他人有没有可能头发数量一致呢？"

"除了光头的人？那当然是不存在的了。"

哥哥接着说道："我想问的不仅仅是那些有头发的人会不会存在头发数量一致的情况，我还想进一步加上地域条件进行限制，'就在莫斯科，会不会存在头发数量一致的人呢？'"

"我认为肯定是不可能存在的，虽然这件事情在理论上是完全可以存在的，但是我甚至敢用1000卢布作为

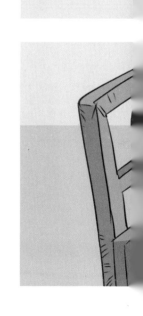

赌注和你打赌，别说是在莫斯科了，即使是在整个世界范围内，也肯定不会有两个头发数量一样的人。"

"你这是给自己设置了一个必输的赌局，我要是你的话，别说用1000卢布作为赌注，我甚至连1戈比都不会用来赌。其实，能不能轻而

易举地找到两个头发数量相同的人，我不敢轻易保证，但是我可以确定的是，只是在莫斯科，头发数量相同的人就能达到几十万对。"

"怎么可能？你不是在开玩笑吧！光是在莫斯科就有几十万对头发数量一致的人？这也太多了！"

"我怎么会和你开这种玩笑呢？那我这样问你吧，你认为莫斯科的人口数量和一个人头发的数量哪个更多一些呢？"

"那还用说，当然是人数多呀，不过这和这道题目应该没什么关联呀？"

"等我给你解释一下，你就会明白这两者之间的关联了。众所周知，莫斯科的人口数量肯定大于一个人的头发数量，那么一些人的头发数量会一样也是一件没有办法避免的事情。根据资料显示，一个人的头发数量大致是20万根，而莫斯科的人口数量则是160万，是它的8倍。所以你可以这样考虑，即使前20万人的头发数量都是不一样的，那么第二个20万人中的第一个，也就是第200001个人的头发数量会是多少呢？你仔细考虑一下就能明白，即使你再觉得不可能，这也是一个事实，那就是这个人的头发数量一定会和前20万人中的某一个人是相同的，因为我们每个人的头发数量都是在20万根以内的。所以，我们可以得出这样一个结论，在第二个20万莫斯科人中，所有人都可以在第一个20万人中找出与其头发数量完全一致的人。所以即使莫斯科只剩40万人，这个时候头发数量相同的人数也会最少存在20万对。"

妹妹恍然大悟："原来是这样，我懂了，在这个问题上的确是我考虑得不够全面。"

哥哥接着又出了一个题目："有两座城市，它们分别矗立在一条河的两岸上，它们之间的距离可以这样来描述：

一艘轮船如果顺流而下，从一座城市到达另一座城市需要4个小时；而如果反方向逆流，则需要6个小时。那么现在请问，如果是一块木板，漂过这条河流所需的时间是多少？

◆ 猜数

　　哥哥转过头来对我说："由于你之前学习过分数，应该可以答出这个题目，所以这个题目让你来作答更合适一些。我们接下来再玩一个游戏吧，叫作猜数。你们先在心里默默地想一个数，然后给这个数乘9，再把得到的数中除了0和9以外的其他数中的一位数字去掉，最后把剩下的数字依次读给我，这样我就可以猜出来你们去掉的数字是多少。"

　　接下来，我们按照哥哥的要求，依照次序把我们最终得到的数给哥哥念了出来。神奇的是，哥哥每次都能在我们刚刚读完数字之后立刻回答出来我们想的数是多少。

然而，哥哥并没有像之前一样给我们解释其中的道理，而是把游戏升级，他紧接着说出这次游戏的要求："我们接着上面猜数的游戏，这次还是一样，你们先在心里默默地想一个数，不过接下来是在这个数字的末尾加上一个0，再减去你最开始心里想的数，给得到的数再加上63，还和之前一样，你可以随心所欲地从最后得到的结果中去掉一位数字，然后把剩下的数字读给我。"

于是，我们再一次按照哥哥的要求完成了所有步骤，而哥哥也和上一次一样，依旧能够快速、准确地说出我们去掉的数是多少。

游戏并没有结束。"你们在座的任意一个人，"哥哥转过头来对我说，"就你吧，写出一个你心里想的三位数。在这个数的后面再加上刚写的三位数，接着用这个6位数除以7，你将得到一个整数。"

令我惊讶的是哥哥说的完全没错，我除以7之后得到的就是一个整数。然后我把这个数写在纸片上，传递到妹妹手中。

哥哥紧接着对妹妹说："你现在把你手里拿到的这个数除以11。"

"这也可以除尽吗？"妹妹半信半疑地开始计算。

"算出来了吧？是不是还是得到了一个整数的结果？好，暂时不用让我知道结果，你把得到的结果再向你旁边的人传递下去。"

哥哥向客人说道："你要把卡片上的数除以13，然后把得到的结果写在卡片上交给我。"

客人非常疑惑地问哥哥："连续除了两次，得到的这个数还能是13的整数倍吗？"

"肯定还能得到整数。你写好了吗？把卡片给我吧。"

然后，哥哥把写有最终计算结果的卡片从客人那里拿了过来，不过他根本没有看卡片上的数，而是直接递给我，并且告诉我："最终得到的这个结果就是你一开始写的那个三位数。"

我连忙打开卡片验证哥哥的说法，而结果竟然真的是我一开始写在卡片上的那个三位数！

妹妹激动地连声呼喊："哇，实在是太不可思议了！"

◆ 和数有关的魔术

哥哥并没有直接向我们解释，而是想要继续进行一个简单的猜数游戏来让我们自己思考其中的原委。"其实，这些都只是一些简单的算数魔术。至于具体原理呢，通过下面这个魔术，我想大家仔细想一想就会明白的。接下来这个游戏中我能够在你们写出三个多位数中的后两个之前，就猜出它们的和。"哥哥接着对我说，"还是由你开始，你先写出一个你心里想的五位数。"

于是我毫不犹豫地写出了一个数：67834。而哥哥为了方便后面的人写出他们的数，专门画出一道横线，留出了一些空余的地方，然后写出了他自己猜测的最终之和的数：

我：67834

哥哥：167833

哥哥又对妹妹和客人说："你们两个中的任意一个人来写出第二个加数，然后我再写上第三个加数。"

于是客人拿过卡片来，略加思索之后，在卡片上添上了第二个加数：

我：67834

客人：39458

哥哥：167833

而哥哥也迅速地在另一个空上补上第三个加数：

我：67834

客人：39458

哥哥：60541

哥哥：167833

然后，我们对这几个数进行了求和，而哥哥写的最终之和的数字我们计算的结果完全一致！

"你是怎么做到在如此短的时间内，用三个数的总和减去前两个加数得到结果呢？实在是太神奇了！"

"当然不是这样，这种快速计算的本领我可没有。我不过是在这里用5位数的加数来举例子。当然，你们可以把加数换成更复杂的，八位数也可以。"

然后，我们就用八位数的加数又重复了一次这个游戏，而哥哥真的可以猜出来最终的和。下面的数就是我们每个人所写的，每行前面的罗马数字表示的是我们所写数的顺序：

Ⅰ（我）：23479853

Ⅲ（客人）：72342186

Ⅳ（妹妹）：58667783

Ⅴ（哥哥）：41332216

Ⅵ（哥哥）：27657813

Ⅱ（哥哥）：223479851

当我在卡片上写下第一个数的时候，哥哥就能快速、准确地把最终我们所写的5个数之和写出来。

"这次的数都是大数目，你们应该不会再认为还是我先算出你们三个人所写的加数之和，再用我写的总数之和减去它，最后将所得到的结果再随意分成两个加数吧。我的计算能力可没有这么强。其实，这个问题没有你们想象的那么复杂，你们有时间的话可以多思考思考，我认为你们肯定可以想出其中的道理。"

哥哥的朋友听了之后非常感兴趣地说道："太棒啦！刚好我明天要乘车去莫斯科，我在车厢里实在是无所事事，这些有趣的题目正好能够帮助我来消磨时间呢。"

"那这样的话，我就再多给你出一些题目，这样你坐车的时候就完全不用担心会觉得无聊了。我先举一个例子：用5个2计算出数字7。这种类型的题目你之前见过吗？"

"你是在开玩笑吧，这怎么可能算得出来？"

"这真的是一道可以算出的题目呀！或者我再进一步给你解释一下这道题目的要求，你要写出来的这个等式的左边，2这个数字只能使用5次，当然，你可以单独或者组合使用，至于怎么组合呢？你可以通过基本的运算符号，只要使等式的右边等于7即可。而这种题目的答案也不是唯一的，我先给你提供一个答案，你就会明白这种题目的解题思路了，用5个2得出1个7的式子，可以是这样一种方法：$2+2+2+\frac{2}{2}=7$。那么，其他的题目就交给你自己思考了。"

"原来是这种思路呀！那我现在也可以想到这个题目的另外一种解法：$2 \times 2 \times 2 - \frac{2}{2} = 7$。"

"完全正确，看来对于这种题目，你已经理解了原理，也掌握了做题思路，那你把下面这些可以举一反三的题目记下来，自己练习一下。"

第一题	用5个2得出一个28的式子
第二题	用4个2得出一个23的式子
第三题	用5个3得出一个100的式子
第四题	用5个1得出一个100的式子
第五题	用5个5得出一个100的式子
第六题	用4个9得出一个100的式子

◆ 火柴魔术

哥哥的朋友问哥哥："我记得你好像会用火柴棒表演小魔术，可以给我们大家表演一下吗？"

"当然可以呀，你是不是想看上一次我在你们家表演的那个火柴魔术？"

于是，哥哥开始准备，他首先拿出8根火柴棒，在桌上随意地摆开（图10），紧接着对大家说，他马上会到另外一个房间去，在他离开之后，在场的任意一个人可以选择一根火柴棒，但是一定要记住，在选择火柴棒的时候，只需要这个人用他的手指轻轻碰一下这根火柴棒就好了，这样做的目的呢，是为了人家能够同时监督以保证魔术的真实性。所以，所有人都不可以碰其他的火柴棒，一定要保证所有火柴棒的摆放位置和他所放的一模一样，这样等他再次回到这个房间的时候，就可以猜出来这个人所选的是哪一根火柴棒了。

等哥哥去另一个房间之后，我们便把门关得严严实实的。我为了防止哥哥偷看，甚至将锁眼都用纸给堵了起来。直到妹妹选择了一根火柴棒，并且用手指轻轻地触摸了一下之后，我们才去叫在另一个房间待着的哥哥："我们已经选好了，你可以过来了。"

哥哥听见我们叫他之后，走进了我们的房间，大步流星地走到桌子跟前，毫不犹豫而且完全正确地指出了妹妹选择的那根火柴棒。

由于我们都持怀疑态度，哥哥接下来又把这个魔术表演了10多遍，在场的所有人，包括我和妹妹以及哥哥的朋友们，都逐个选了一次火柴棒。然而，令我们惊讶的是，哥哥毫无例外地每一次都能快速、准确地指出我们所选择的火柴棒。

整个过程，哥哥的朋友们都是一会儿诧异地大声呼喊，一会儿又开心地捧腹大笑。而与此同时，只有我和妹妹一头雾水地看着哥哥表演，急切地想要弄明白这个魔术的奥秘。

图10

哥哥终于不卖关子了，对我们说道："好了，现在该给你们讲一讲这个魔术背后的奥秘了。首先，我要向大家介绍一个神秘人物，他在这个魔术中可帮了我很大的忙。"

哥哥指了指一开始要求哥哥表演这个魔术的朋友，然后指着桌子上的火柴棒说："你看，我并不是随意地摆放火柴，而是用这些火柴棒拼出了一幅肖像画。没错，的确非常不像，但是没有关系，只要我们能够看出来这幅画中的眼睛、额头、耳朵、鼻子、嘴巴、下巴、脖子和头发分别是哪几根火柴就好了。然后，当你们选好火柴棒，叫我进来之后，我首先要做的就是看我的神秘帮手所做的动作是什么。他有时候会用右手摸一摸下巴，或者眨一眨左眼，或者眨一眨右眼，有时候又会挠一挠鼻子之类的。而我根据他所做的这些动作，就能够快速、准确地猜出来你们所选的是哪一根火柴了（图11）。"

妹妹笑着对哥哥的朋友说道："原来你和我哥哥是一伙的，你们提前都已经沟通好了，只是来表演给我们看的呀！要是知道其中的'奥秘'是这样的，我肯定会偷偷摸摸地移动火柴棒的。"

"如果你们偷偷打乱了火柴棒的位置，那我就算再会猜谜，这个火柴棒的问题我也无法猜出来。"哥哥也大方地承认道，"我们这顿早饭的时间可太长了，也该结束这顿'猜谜早餐'了吧。"

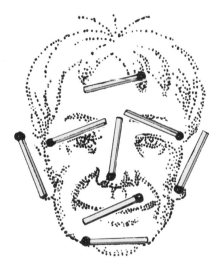

图11

谜题的答案

至于哥哥在前面留的那些让我们打发时间的谜题，你是不是也想知道该如何解答呀？

轮船和木板的问题

根据题目的要求，一艘轮船如果顺流而下，从一座城市到达另一座城市需要4个小时。也就是说，它1个小时可以航行的距离是总距离的 $\frac{1}{4}$，而如果反方向逆流，则需要6个小时，也就是航行的速度是总距离的 $\frac{1}{6}$。那么，我们用总距离的 $\frac{1}{4}$ 减去总距离的 $\frac{1}{6}$，所得到的结果是河水在这1个小时之内所流过的距离的2倍，这个数据也就等于河水流速的2倍。

你们肯定会问为什么是2倍呢？

因为在顺流的时候，1个小时行驶的是总距离的 $\frac{1}{4}$，总的速度是轮船的速度与水流的速度之和；而逆流的时候，1个小时行驶的是总距离的 $\frac{1}{6}$，总的速度则是轮船的速度与水流的速度之差，所以顺流和逆流的速度之差就是2倍水流的速度。$\frac{1}{4} - \frac{1}{6} = \frac{1}{12}$，也就是说水流速度的2倍是$\frac{1}{12}$，那么水流速度就是$\frac{1}{12}$的$\frac{1}{2}$，就是$\frac{1}{24}$。

按照河水的速度，每小时流过的距离是两个城市之间总距离的 $\frac{1}{24}$，也就是说，按照河水的流速，从一个城市到另一个城市则要24个小时才能到达。木板就是在河中随着河水漂，所以从一个城市漂到另一个城市所需要的时间就是24小时。

去掉数字的题目

它是根据数所具有的一个特征编写的。大家都知道，一个数如果所有数字之和是9的倍数，那么这个数就可以被9整除。所以，根据题目的要求，给你心里想的数乘以9，那么根据上面的数的特征，这个数中所有的数字之和肯定是9的倍数，而正是因为知道了这一点，所以轻而易举地猜出结果中还需要怎样一个数才能满足所有数字之和是9的倍数。为什么要将0或者9去掉呢？因为这两个数本身就是9的倍数，所以即使去掉，也并不会对剩余数的和是9的倍数产生影响。

接下来的第二种做法，根据题目要求，给你心里所想的数乘以10，其实也就相当于给那个数的末尾添一个

0，然后再给第一步所得到的结果减掉你心里所想的数，而经过这两步，其实就相当于给这个数直接扩大了9倍。而第三步，再加上63，63是9的倍数，所以对最后的结果能整除9并没有影响，那么接下来的部分，相信我不必再仔细解释，大家也都能够完全明白了。

一个三位数除以7、11、13的魔术

这个魔术看起来好像很复杂，其实原理是非常简单的。首先，这个魔术的第一步要求是给你所选择的三位数后面再添上这个数本身，就相当于给这个数扩大了1001倍，举个例子来说明一下：

$723723 = 723000 + 723 = 723 \times 1000 + 723 = 723 \times 1001$

而1001分解因式的结果就是$1001 = 7 \times 11 \times 13$，所以我们把第一步的结果分别除以7、11、13，也就是除以1001之后得到的结果，就是我们一开始所选择的数，这就完全解释得通了。

猜数的总和的魔术

不知道大家有没有注意到：第一种情况的时候，哥哥写出来的数的总和与我最初写的数相比，总是大99999：167833－67834＝99999，要加上99999并不好计算，但是先加上100000再减去1，计算起来可就容易多了。

而接下来，当哥哥的朋友写出的数是39458时，哥哥要写的第三个数只要保证和他朋友所写的第二个数之和是99999就行了，而要做到这一点也是极其容易的，用9分别减去哥哥的朋友所写的数的每一位，得到的结果就是哥哥要写的第三个数。

在第二次尝试八位数的时候，哥哥所使用的方法和之前那个相似，唯一的区别就是最后的总和与最初写的数相差2×99999999，所以只需要保证每个加数的和是两个99999999即可。

最后一个题目的答案则是下面这样的：

$28 = 22 + 2 + 2 + 2$

$23 = 22 + \dfrac{2}{2}$

$100 = 33 \times 3 + \dfrac{3}{3}$

$100 = 111 - 11$

$100 = 5 \times 5 \times 5 - 5 \times 5$；或者$100 = (5 + 5 + 5 + 5) \times 5$

$100 = 99 + \dfrac{9}{9}$

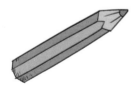

术 语 表

❶ **反射**：光射到物体表面上时，有一部分光会被物体表面反射回来，这种现象叫作光的反射。光的反射规律是反射光线、入射光线与法线在同一平面内；反射光线和入射光线分别位于法线的两侧；反射角等于入射角；在光的反射过程中光路是可逆的。

❷ **折射**：当光从一种介质斜射入另一种介质时，传播方向发生偏折的现象，叫作光的折射。当光垂直射入水中时，传播方向不变。光的折射规律是折射光线、法线和入射光线在同一平面内（三线共面）；折射光线、入射光线分居法线两侧（法线居中）；当光从空气斜射入水或其他透明介质中时，折射光线偏向法线方向，折射角小于入射角；从水中或其他透明介质斜射入空气中时，折射光线偏离法线方向，折射角大于入射角；在光的折射过程中光路是可逆的。

❸ **光线的直线传播**：光在真空中是沿直线传播的，光在同一种均匀介质中是沿直线传播的。

❹ **婆罗门教**：婆罗门教是印度的一种宗教，源于"波拉乎曼"，原意是"祈祷"或"增大的东西"。祈祷的语言具有咒力，咒力增大可以使善人得福，恶人受罚，因此执行祈祷的祭官被称为"婆罗门"。

❺ **儒勒·凡尔纳**：1828~1905，法国小说家、剧作家及诗人。他一生创作了大量优秀的文学作品，代表作为三部曲，包括《格兰特船长的儿女》《海底两万里》《神秘岛》，以及《气球上的五星期》

《地心游记》等。

❻ 鲁滨逊：鲁滨逊是英国作家丹尼尔·笛福的长篇小说《鲁滨逊漂流记》中的人物。这本书主要讲的是鲁滨逊在一次航海的途中遇到风暴，漂流到了一个无人的小岛上，开始了一段与世隔绝的生活。

图书在版编目（CIP）数据

趣味数学 ：少儿彩绘版．规律与逻辑 ／（俄罗斯）
雅科夫·伊西达洛维奇·别莱利曼著 ；焦晨译．－－ 北京：
中国妇女出版社，2021.1
ISBN 978-7-5127-1904-0

Ⅰ．①趣…　Ⅱ．①雅…②焦…　Ⅲ．①数学－少儿读
物　Ⅳ．①O1-49

中国版本图书馆CIP数据核字（2020）第182538号

趣味数学（少儿彩绘版）——规律与逻辑

作　　者：〔俄罗斯〕雅科夫·伊西达洛维奇·别莱利曼 著　焦 晨译
责任编辑：门 莹 张 于
封面设计：尚世视觉
插图绘制：黄如驹（乌鸦）
责任印制：王卫东
出版发行：中国妇女出版社
地　　址：北京市东城区史家胡同甲24号　　　邮政编码：100010
电　　话：（010）65133160（发行部）　　　65133161（邮购）
网　　址：www.womenbooks.cn
法律顾问：北京市道可特律师事务所
经　　销：各地新华书店
印　　刷：天津翔远印刷有限公司
开　　本：170×240　1/16
印　　张：21
字　　数：260千字
版　　次：2021年1月第1版
印　　次：2021年1月第1次
书　　号：ISBN 978-7-5127-1904-0
定　　价：169.00元（全三册）